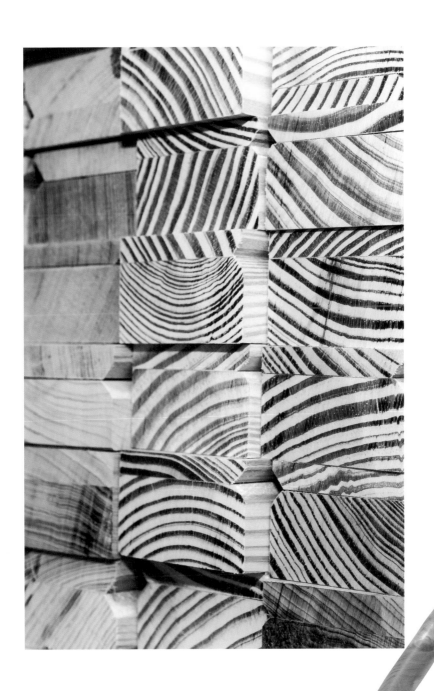

手作木筆全書

作者／徐志雄

採訪及文字整理／樂爸

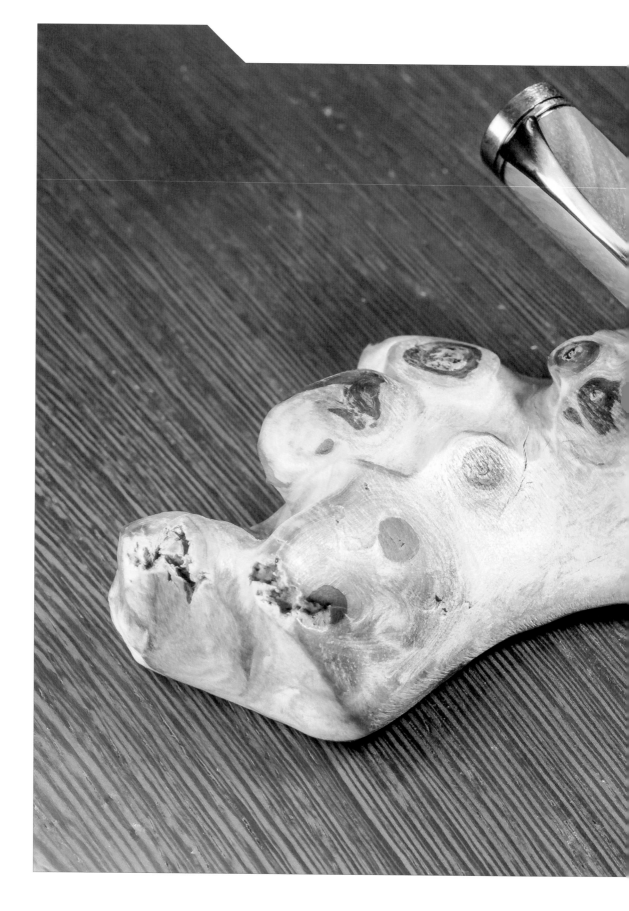

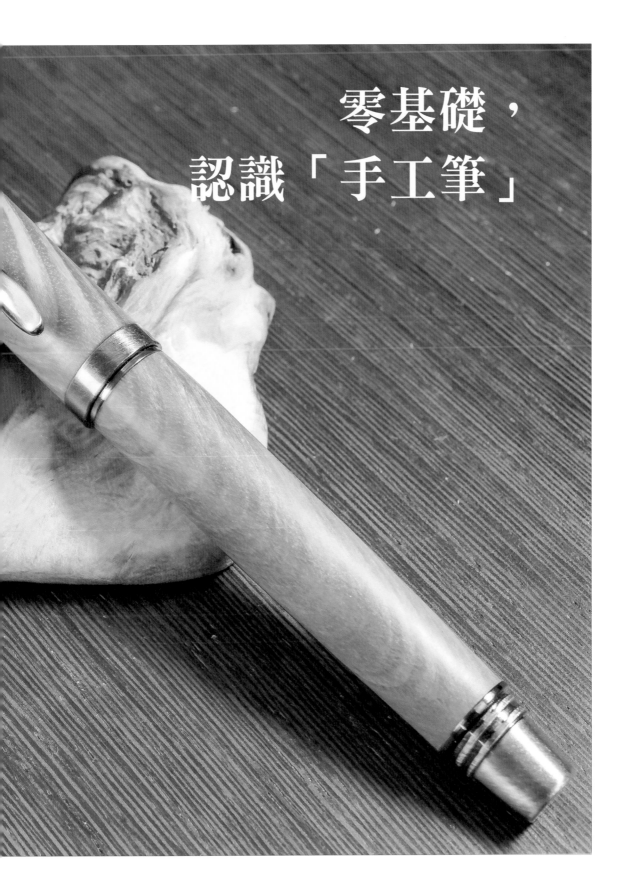

零基礎，
認識「手工筆」

　　「當孩子成為小一新生的那刻起，若當時親手種下一棵小樹苗，幾年後在畢業的那天，將這自己當初種下、照顧而長成的樹木作為原料，用來親手製作一枝專屬自己獨一無二的手工筆，並成為送給自己的畢業紀念品，這樣的禮物是不是十分特別呢？」這是製筆達人也是神農獎得主，同時還是「勝洋水草休閒農場」的主人「徐志雄」第一次見到樂爸時所描繪的「製筆藍圖」。雖然這聽起來像是個不切實際的夢想，然而也因為這個夢，才能集結全台多位手工筆製作達人而成就出「本草鋼木」這個全台目前最大的私人製筆社團。

本草鋼木原木筆

本草鋼木-原木筆

　　「筆」是「聿」的後起字，而「聿」在甲骨文裡就像人手拿著筆的樣子，之後加上形符的「竹」字頭而演化為「筆」字。

　　「筆」是每個人用來書寫或繪畫的工具，相傳西方筆的起源自史前石壁上的礦物壁畫，後來到了古埃及的蘆葦筆就大概有了筆的雛形，再經千年的歷史演變，遂有了現今琳琅滿目的各式「筆」款。

　　談到「手工筆」，顧名思義，即不採用機器設備批量生產，而是由人工自己製作生產出來的「筆」。這種方式製作的「筆」，最大的特色就是「獨一無二」，即使採用了相同的零件、原料製作，因人工自製終究只能極近相似，無法完全一模一樣，所以這也成了吸引愛好者投入製筆或收藏的原由。然而在著手進入自製「手工筆」的領域前，我們應該先了解一下「筆」的結構。

　　一枝「筆」主要由數個作工精緻的零件所組成，一般來說，我們稱這些為「製筆套件」。以下為了方便讀者記憶，樂爸將一枝「筆」分為前段、中段、後段三大部分：

一、前段：可包含天蓋（冠）、筆夾、筆蓋，其中有些筆蓋又有筆蓋銅管、筆蓋中圈，以及牙套。

帝王爆炸圖

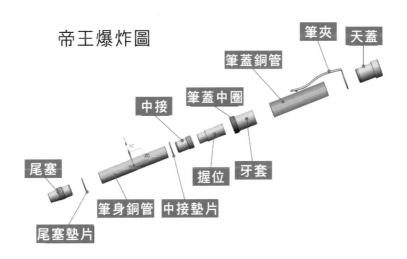

二、中段：可包含握位、中接與中接墊片。

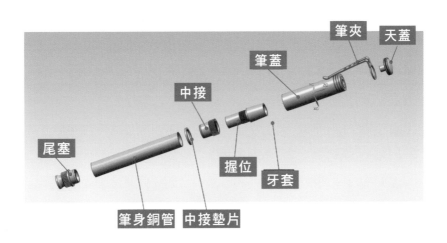

三、後段：可包含筆身銅管與尾塞，有些筆還會
加上尾塞墊片。

黑騎士爆炸圖

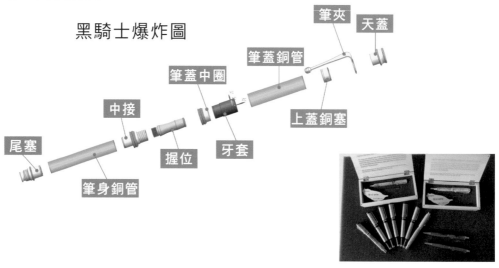

此外，還可將「手工筆」進一步區分為單節手工筆與雙節手工筆。單節和雙節最大的不同之處在於前者只需自製筆桿的部分，而後者除了自製筆桿外，也要製作筆蓋，因此對初學自製「手工筆」的朋友可先由單節手工筆開始入門，較快上手，而且不論單節或雙節皆能利用「製筆套件」來加以組裝完成，自製者可先由車製筆桿或者再車製筆蓋來進行。

 「手工筆」小教室

天蓋（冠）：通常筆的商標或標誌會設計在這兒。

筆夾：位於筆蓋上，用來將筆固定於口袋。

筆蓋：用來保護筆尖，同時能防止墨水乾涸。

銅管：不管是筆蓋銅管或筆身銅管，皆能強化穩固整枝筆身，使筆不易折斷，也可保護內部的筆芯。

牙套：連接連結筆蓋與筆身機構，可加強筆蓋的強度，防止將筆鎖入的力道撐裂筆蓋。

握位：拿筆時，食指與拇指握持的地方，通常握位與寫字時的手感關係密切。

中接：連結筆身與握位機構。

尾塞：可以讓握筆時更容易握在重心上，保持平衡又可兼顧美觀。

墊片：中接與筆身限位機構，可保護被連接處的表面，分散壓力並減少振動帶來的鬆脫。

入門「手工筆」

入門「手工筆」簡易自製六步驟

　　① **挑選木料**：自製初階「手工筆」時，建議可先採用木材原料開始。現今可製筆的木料種類繁多，比如：檜木、花梨木、檀木、柚木、肖南木、楓木、鐵刀木、橄欖木…… 等等，不勝枚舉。至於挑選哪些適合，我們可依照自己喜愛的木料顏色、花紋、氣味，甚至價格……等來考量，當然若其中考慮堅固耐用，選擇硬度高的木料可能比較適合。不管一開始挑選哪一種木料，相信對自製「手工筆」的我們來說，最後應該都能獲得製筆所帶來的「驚喜」。

步驟①：挑選木料

步驟②：選擇筆款

　　② **選擇筆款**：常見的自製「手工筆」款式有鋼筆、原子筆與鋼珠筆，在製作之前我們可依使用目的、實用性、偏好度……等，由既有的成品或樣品來參考選擇。

　　③ **裁切木料**：依照第2步驟所挑選的筆款，以及欲製成單節手工筆或是雙節手工筆來進行裁切。單節手工筆主要裁切部分是決定筆身的長度，而雙節手工筆則是要同時決定筆蓋與筆身的裁切長度。裁切時須注意木料的長度會比套件中的銅管長一點點，而且我們可以先畫上記號以利裁切的進行。

步驟③：裁切木料

④ **鑽孔並埋入銅管**：鑽孔前可預先畫記找出鑽孔的中心位置，以及測量銅管的外徑後再開始進行鑽孔。

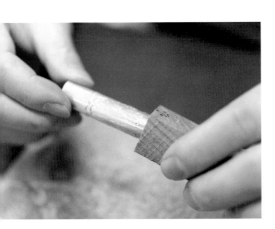

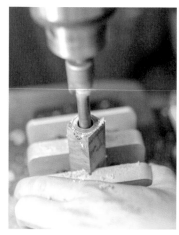

　⑤　**車床選擇**：車床的機型種類眾多，為方便初學者快速進入狀況，我們可以先選擇使用小型車床。小型車床的優點不僅較容易上手之外，而且安全性高又不失專業，待我們技術更為純熟精進，再使用更大、更專業的機型。另外，在這裡強調一下，雖然小型車床安全性高，但我們在進行時還是得做好防護措施，最好能戴上護目鏡，並且若有較資深或較具經驗

的人員能夠從旁協助輔導是比較建議的。在選擇適合
的車刀進行車床後，砂磨則是這個步驟中另一重點。
其中砂磨的過程須經多道不同粗細的砂紙來進行，主
要就是讓我們車好的木料能更為柔潤，並且提升手
感。在這裡樂爸打個比方，其實這個過程就猶如我們
學開車，初學時有教練場從旁輔導，進而愈來愈熟稔

此為初學者樂爸與樂弟親自示範。製作手工木質筆時，要做好防護措施，最好戴上護目鏡，並建議有較資深或較具經驗的人員能夠從旁協助輔導。

後即可自行公路駕駛。而我們開車時是不是也會不時的專注在車速的掌控，油門的輕重控制呢？

⑥ **進行組裝**：在組裝自製的「手工筆」時，我們可以預先準備好壓筆器來輔助組裝。組裝前可將所有「手工筆」套件與我們剛完成車製的筆身、筆蓋依序排列好，這樣比較不會發生組裝錯誤而手忙腳亂。萬一真的出現組裝錯誤的情形，還可使用退筆器重新再按部就班進行組裝。

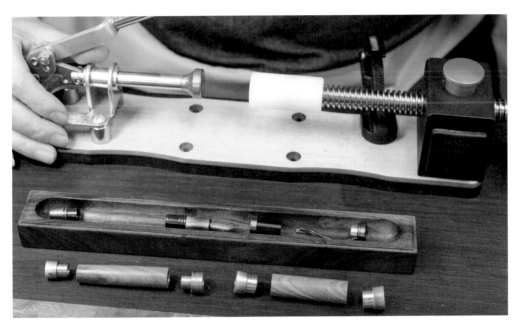

圖上方為壓筆器

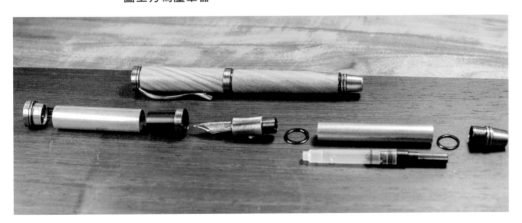

依序排列最不易出錯

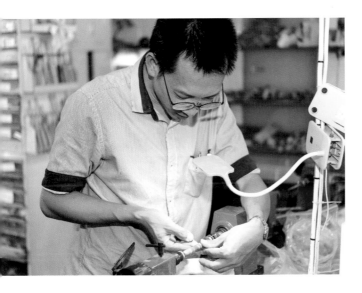

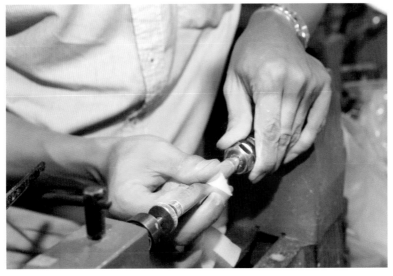

入門「手工筆」範例

單節式「手工筆」

　　單節式指的是只有筆身（桿）部分需要手工車製再組裝即可，至於其套件採現成的零件加以利用不需要我們再予以製作，至於雙節式「手工筆」我們留至其他中階「手工筆」時再解釋。

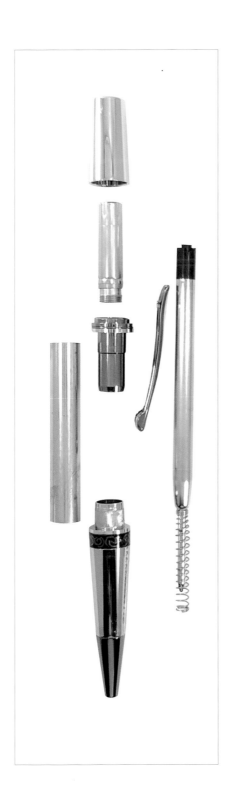

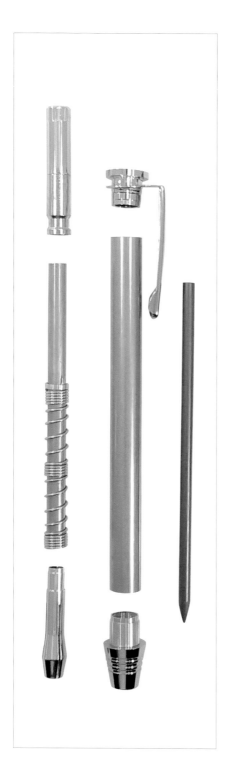

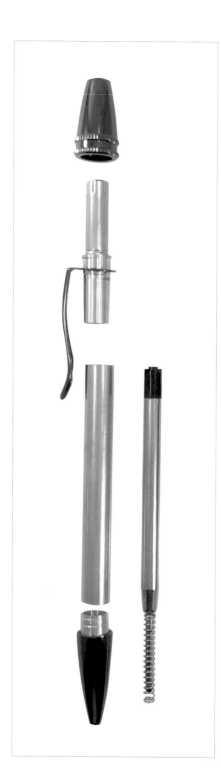

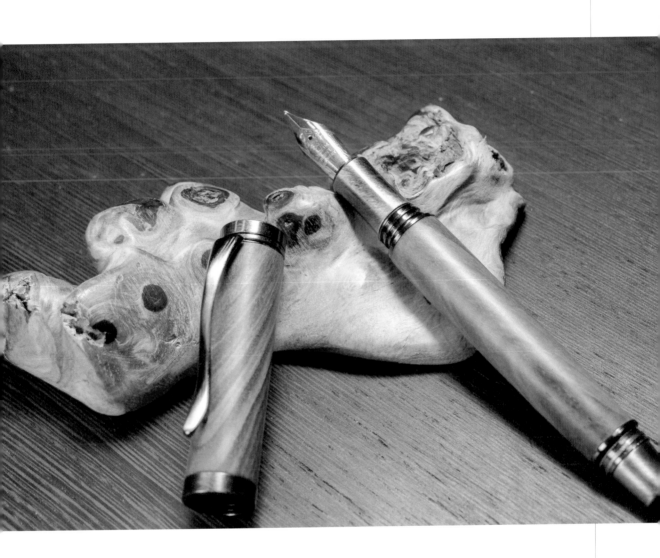

中階「手工筆」自製概說

　　在本書中，區分初階與中階「手工筆」的最大不同之處是在於筆身、筆蓋的使用材質。前面所提的初階「手工筆」主要採用的是木料，至於中階「手工筆」，我們會介紹除了木料外，較常被利用來製作為「手工筆」的材質，另外，自製的步驟大致與初階筆相同，也可說大同小異，在這兒就不再重複贅述。

　　以下就來簡介一下，除了傳統常見的原木外，較常利用製作為「手工筆」的其他材質：

穩定木質手工筆

穩定木「手工筆」

　　什麼是穩定木呢？穩定木又稱穩定化木，就是經過固化處理後的一種木材，其通常的最大特色是採用色彩繽紛的花紋來呈現，且具類似塑膠的特性質感。我們利用真空抽去木材中的水分，將樹脂、色素、油脂等滲透到木材內部，如此一來，木材的棕眼變少，不開裂、不變色，密度增加，其各項性質提升變成硬度很高的材料。換句話說，就是將導致木材不穩定的因素處理之後而轉變為穩定，這就是穩定木。因此採用穩定木為原料來自製「手工筆」，經常更能表現豐富多元、繽紛絢麗的色澤樣貌。

樹脂混合木「手工筆」

　　什麼是樹脂混合木呢？樹脂混合木就是木材與樹脂的互相混合，透過一些木材特殊外型搭配樹脂顏色

樹脂混合木手工筆

樹脂混合木手工筆

樹脂混合木手工筆

而表現一種視覺藝術感。二者混合時,若是木料占得多,則會比較接近天然木紋的樣貌;反之樹脂占得多,則就能轉變為更多元的質感與外觀。因此,樹脂混合木在本質上還是木料,而且創作過程中,木材特殊的外型必須還是天然形成,比如:蟲蛀的痕跡、天然的腐蝕痕,接著再透過樹脂膠的流動變化與木材融合,就能製作出獨一無二的各種圖案紋理。因此採用樹脂混合木自製的「手工筆」,在原料的取得,類似無中生有的想像,待樹脂混合木熟成才能開始進行自製「手工筆」,比起傳統的原木取得更能激發創意,展現出變化多端的「手工筆」作品。

其他中階「手工筆」

這裡要補充說明的就是雙節式「手工筆」。它與單節式最大的差異處在於筆蓋和筆身皆要我們自己手工車製,而且最常以雙節式呈現的如原子筆、鋼珠筆和鋼筆。我們在這裡就以台南葉聰展老師的「手工

葉聰展老師示範製作之中階木質手工筆①

葉聰展老師示範製作之中階木質手工筆②

葉聰展老師示範製作之中階木質手工筆③

筆」作品作為範例（如P49葉聰展老師所示範之三款
手工筆）：另還有其他中階「手工筆」範例：

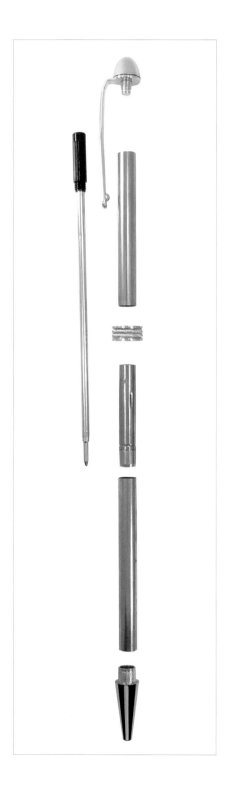

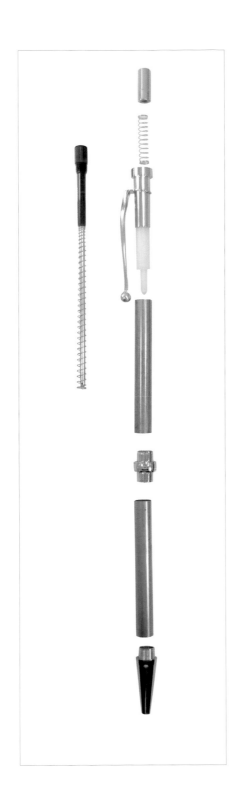

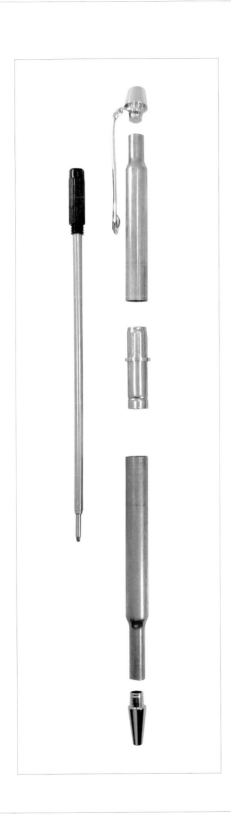

進階「手工筆」概說

　　在前面章節所提到的「手工筆」自製流程中，乃是以第一次接觸或是新手製筆的角度來切入，主要是讓大家明白自製「手工筆」時所需要的大方向，也就是基本要點。雖然濃縮成了簡易上手的製筆六步驟，但其實我們若認真的探究每個步驟的細節，可說是暗藏玄機，博大精深，因此在鑽研並透過這些更深入的手法之後，便能漸漸演變為許多形形色色的「手工筆」，當然這些工序、過程乃是許多自製手工筆同好的最大樂趣。

雪茄筆

「雪茄筆」其實是「魚雷筆」的再進化版本，不論是「雪茄筆」或是「魚雷筆」顧名思義是以手工筆的外形來命名的。就「魚雷筆」來說，它具備流線的外形，從筆蓋至筆尾往往會變的較細，之後才慢慢演進到頭尾為圓滑的造形，特別像魚雷，才稱這種造形的筆為「魚雷筆」。

其實像知名品牌萬寶龍也有「Creation Privée」訂製書寫工具服務。他們曾經為了實現顧客雪茄鋼筆的夢想，其中的設計師們以真實雪茄為參考，接下客人提出的「Figurado Creation Privée」訂製雪茄鋼筆的工作。而將其筆蓋與筆身均以高級菸

草葉包覆，甚至還為其訂製搭配的雪茄架、菸草葉製成的打火機和菸灰缸，這一整套以輕薄易損的菸草葉製作的筆具可說是極富創意。

　　然而，這裡樂爸要介紹另一種別具特色風格的「雪茄筆」，它可是來自苗栗三義黃祈翔老師的設計靈感。有別於傳統「雪茄筆」的樣貌，反而以「燃燒雪茄」的動態樣式結合木雕技術與車床技巧，並運用細緻的彩繪手法，來表現出燃燒中的雪茄，就像是將時間凝結在燃燒的當下，有種隱喻熱情蘊藏其中的創意發想。

　　只不過當初這樣的創作發想也非一蹴可幾。製作燃燒雪茄首先遭遇的問題就是雕琢菸頭的技術。承如前面製作初階手工筆的六大步驟中知悉，因筆桿內

部埋有銅管，而原木的厚度大概只有0.1或0.2公分，要在這麼薄的原木桿上雕琢菸頭就必須下刀輕巧且求其逼真。為了達到這個目的，黃老師特別設計一套金屬零件的內徑尺寸來符合雕刻的需求，並達到質感的提升。不可諱言，雖說製作燃燒雪茄的靈感來自當初無意間的瞥見，但不僅是一種美感的發現，更是巧奪天工的藝術展現。

改造筆

　　「改造筆」說的精確一點應該是保有原廠筆內的中心套件，只針對筆身、筆蓋加以改造，而製作出筆的另一件「新衣」，也可說為了符合使用者需求而為其客製

完成的手作筆。比如花蓮製筆達人「後山製造所」黃崇軒老師就十分鼓勵初學者剛開始製筆，可先利用價格親民的白金Preppy鋼筆來進行改造練習，慢慢的熟能生巧後就可利用如：英雄565、白金3776……等鋼筆來加以深入鑽研。

另外黃崇軒老師的「改造筆」以聚甲醛，俗稱塑膠鋼（POM）的材料來取代銅管，如此能依照不同的外徑大小隨時調整，另外也必須事先做好螺紋、螺距的的規畫安排等等，而且握位也是依使用者量身訂作，更方便符合客製化的需求。

再者黃崇軒老師自行改造的三節竹手作鋼筆，也克服了剛開始五節竹所遇到的段差問題，不過對於初

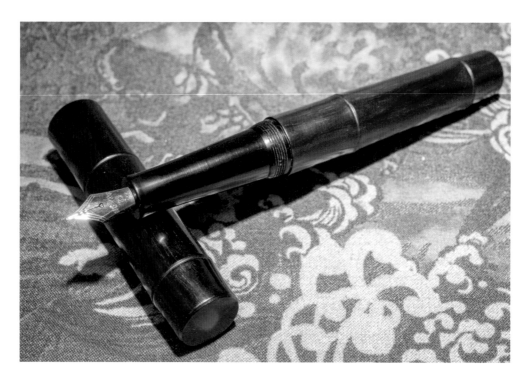

學者的我們來說，一時之間恐怕很難了解這箇中的奧妙，當然這些細部的工法就待熟能生巧之後方能按部就班的持續鑽研。

 「手工筆」小教室

段差：簡單的說，「段差」就是經加工後所產生的高低位差。

生漆筆

生漆是一種天然樹脂漆，為黏液狀塗料，也就是從漆樹上取出來的樹液。生漆的主要成分是漆酚，容易對皮膚造成過敏，在使用生漆時要特別小心，得多注意保護可能會接觸到生漆的皮膚。然而生漆乾燥之

後是無毒的，並且它具備了質地堅硬、超強黏性、不容易剝落、耐久性、耐強酸、耐強鹼、耐高溫……等特點，因此常被使用在食用器皿上。

我們知道一般生漆大多運用在器皿上，而運用在手工筆上就相對較少見，不過在日本倒是有幾位製作生漆筆的大師。在這裡特別要提出來說明的是：以木筆上生漆的製作方式也與器皿製作方式略有不同，它是需要較細微的工法。生漆用在木筆上的確是一件很美的事，雖然費工費時但真的值得！

生漆乾燥的環境溫度濕度也是非常重要的，溫度必須控制在攝氏25度左右，濕度必須維持在85%以上。一道生漆要在這樣的環境當中二十四小時才能完

全乾燥，乾燥後放在常溫環境再觀察十二小時後沒問題才能上第二道生漆。一枝美麗的生漆筆通常至少要上六道漆以上，有的必須上到十二道漆，甚至數十道漆。中間如果溫濕度沒控制好，就前功盡棄了！得磨掉重做，有時筆就這樣磨壞了，必須從頭再來。

一枝上六道生漆的筆，至少要花15天的時間才能完成，這種費時費工的工藝要如何定義它的價值呢？在這裡樂爸要提及的代表人物是台北鄭藝製作所「笑男筆癲」鄭明台老師。

鄭老師所秉持的是一種職人精神！也就是認真努力把一枝筆做美、做好，強調藝術無價！而且其「價值」遠遠超過了筆的「價格」！

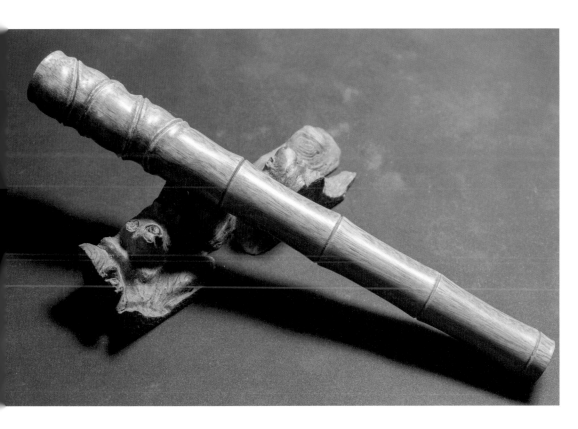

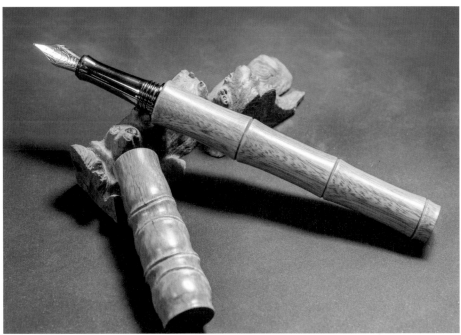

竹節筆

「蒼松隱映竹交加，千樹玉梨花，好個歲寒三友，更堪紅白山茶。」

自古以來松、竹、梅因生命力旺盛、源源不絕的吉祥象徵，故常取其堅貞高潔的品格來合稱為「歲寒三友」，而其中中空有節的翠竹又象徵著謙虛、節操與高風亮節的含意，可見「竹節」的代表性。

製作竹節筆對於很多木工師傅來說並不困難，但相較於一般手工筆在製作準備上卻較為繁複。這裡以花蓮的陳天財老師為代表，首先在備料時就需準備較大的基材，並且在上方預先打好粗稿，大約觀察一下這枝筆所要呈現給人的感覺是什麼？因為竹節每一段

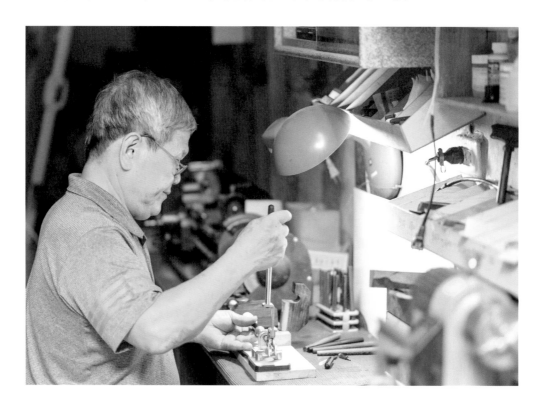

的長短、大小、粗細、間距等……，都有其不同的韻味，不同的意象組合就有著不同的視覺感受，所以在製作初期就必須先在基材上預先規畫，接下來才會進行開孔、黏合銅管後，再將基材進行初步的車床將其漸漸車圓，然後將定稿繪製於上方，再進行細部車床的工序。

在車製竹節筆時須多加注意每個竹節處的高低曲線，以及收合轉折，接著刻出竹節線後再行拋光研磨並上蠟，最終一枝清雅脫俗的竹節筆造形就已大功告成，之後再將手工筆套件組合後即完成一枝手工竹節筆。

「手工筆」小教室

拋光研磨：也就是砂磨。所用的材料是砂紙，砂紙的粗細從40號到2500號不等，號數愈小顆粒愈粗，號數愈大顆粒愈細，砂磨的順序是先以粗的砂紙磨完後，再換細的砂紙砂磨，砂磨的時候順著木質的纖維方向來砂磨，以免磨損其纖維而影響美觀。所謂慢工出細活，一般要磨到筆身表面平滑、光亮的狀態方可停止。

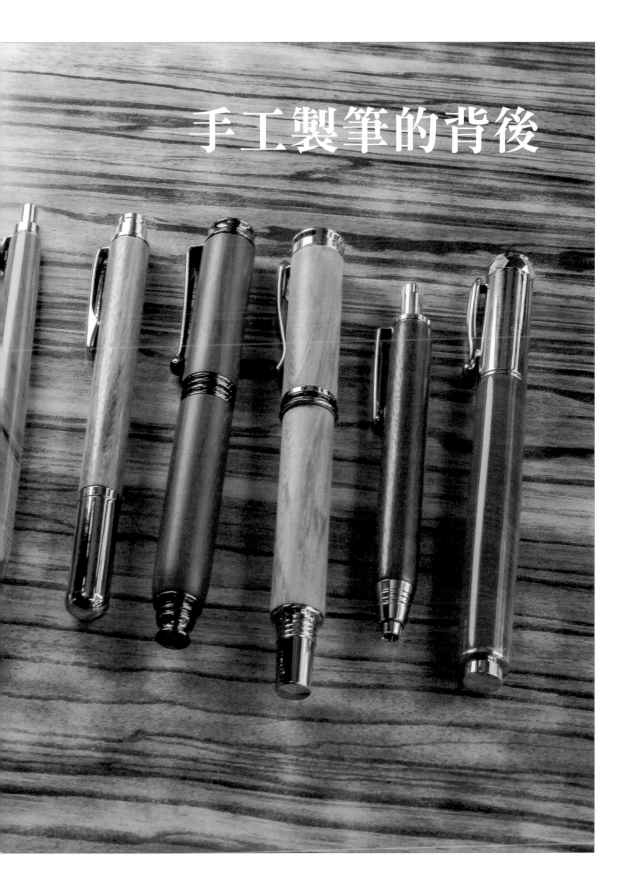

手工製筆的背後

「手工筆」總策畫：徐志雄老師

　　宜蘭的徐志雄老師堪稱是「翻轉不確定年代」的代表之一，早期徐爸爸是在宜蘭老家養鰻魚的，因生意好而成為村裡首先有轎車、電話、電視的，只不過鰻魚產業在1970年代走下坡，徐志雄老師只好高職畢業就先當兵，然天無人之路，此時他人生第一個貴人，使他開始接觸水草。只是當時沒有人看好，因為農地就是要種蔬菜水果或稻米，怎麼只有「志雄」這個傻子在種「雜草」？後來他萌生開店念頭時，爸爸為了讓他碰軟釘子，於是說：「我幫你問佛祖，他說可以就可以，不行就作罷！」沒想到佛祖說NO！

　　後來拖了好多年，某天在朋友的慫恿下先斬後

奏，再回報家人，後來也是因緣際會到文化中心展示，再加上他自己鍥而不捨，堅定不移的精神才走到今天。

正所謂「山不轉路轉，或許人生就在某個轉彎處，就能看見新風景。」2009年神農獎得主的徐志

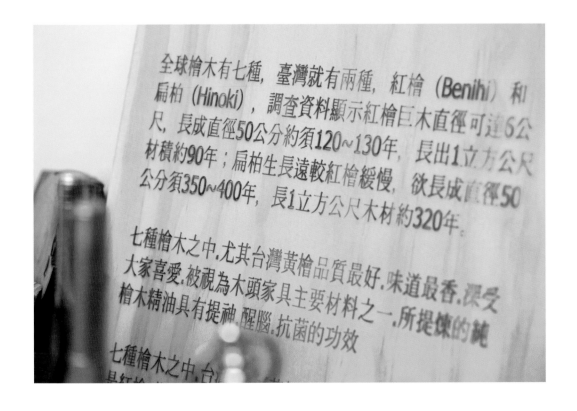

全球檜木有七種，臺灣就有兩種，紅檜（Benihi）和扁柏（Hinoki），調查資料顯示紅檜巨木直徑可達6公尺，長成直徑50公分約須120~130年，長出1立方公尺材積約90年；扁柏生長遠較紅檜緩慢，欲長成直徑50公分須350~400年，長1立方公尺木材約320年。

七種檜木之中，尤其台灣黃檜品質最好，味道最香，深受大家喜愛，被視為木頭家具主要材料之一，所提煉的純檜木精油具有提神，醒腦，抗菌的功效

七種檜木之中，台

雄老師,同時也是「勝洋水草休閒農場」的主人、宜
蘭縣博物館家族協會理事長、宜蘭縣休閒農業發展協
會理事長,大家或許意想不到他也曾經做過娃娃車司
機、鐵工廠工人,還賣過泡沫紅茶、各式小商品超過
50種,試圖改變經濟環境,卻屢敗屢戰。不過如今
事業有成而且這麼多光環籠罩,他卻不因此滿足,進
而開始了另一段創新的突破,也就是「手工筆」文創
事業。

MINI WOOD LATHE

MODEL: WL330
Rated voltage: 230V.50Hz
Rated input: 250W
Turning capacity: 200mm
Turning capacity length: 300mm
Spindle speed: 750~3200RPM
Spindle thread: 3/4" x 16 TPI
Serial No.

Made in china

本草鋼木原木筆

　　聊到「手工筆」，這所有的起源首先就是來自於徐老師朋友所贈送的「木製手作鋼筆」，其次或許是老天爺的安排，某天徐老師就連到了台中某知名書店也剛好和友人談到了「手工筆」，再加上剛好當時鄰近的老筆廠也相繼歇業，就這樣先從幾台小型車床入手，並在政府公告期間合法收集小件漂流檜木當作原料，全台目前最大的私人製筆社團──「本草鋼木」因應而生了。

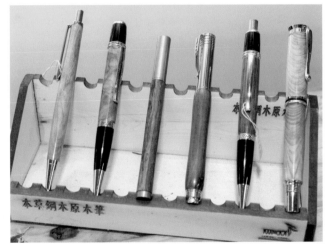

　　剛開始由於不了解手工製筆的相關資訊,加上這個行業並非熱門主流,相對而言,這類的零件生產工廠也更為稀少,而且當時學習的訊息也比較匱乏,因此經常到處碰壁,或溝通不良,當然也為此繳了不少學費。

　　皇天不負苦心人,雖說一個人走得快,但一群人走得遠。徐老師將自己一路走來的所有資源整合,號

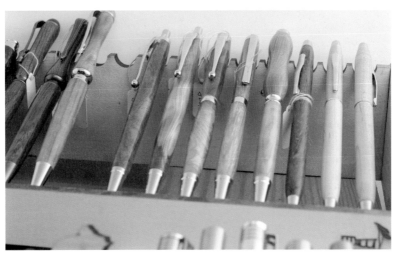

召幾百位有志一同的製筆達人、工匠師父在社團裡切
磋請益製筆技術、經驗祕訣互相交流，有時也經常分
區見面聚會情感交流，不知不覺間更建立了製筆界革
命情感與向心力了，可想而知「徐志雄老師」扮演著
何其關鍵的角色。

　　在這裡徐老師給了所有想要踏入手工製筆的朋友
幾個小建議：

全球檜木有七種，臺灣就有兩種，紅檜 (Benihi) 和
扁柏 (Hinoki) ，調查□□顯示紅檜巨木直徑可達□
尺，長成直徑50公分□□□□□130年，長出1立方□
材積約90年；扁柏生□□□□會緩慢，欲長成直□
公分須350~400年，□□□□六尺木材約320年。

七種檜木之中，尤其□□□□品質最好，味道最香□
大家喜愛，被視為木□□□材料之一，所提□□
檜木精油具有提神□□□□的功效

□□檜木之中，台灣□□□)品質最好，味道□□次
是紅檜□□□□□山所生長之吐□□□□於檔□□

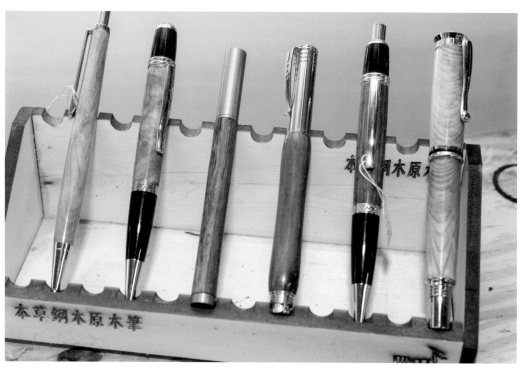

本草綱木原木筆

　　買設備前多評估：在往後手工製筆的路上一定會運用到相關的製筆設備，但是千萬不要剛開始心血來潮，可能只是三分鐘熱度就沒來由添購一堆設備，乃至於往後一旦突然熱度瞬間消失而後悔莫及。好好評估自己所需，切莫衝動，方為上策。

　　好工坊帶您上天堂：承上，在買設備前，在製筆工法程序一切皆未熟稔之前，可以先到信用度高、較優良的製工坊，如「本草鋼木」所認證的工坊來學習製筆，一方面有專業的製筆達人教導，可以得到完整的製筆觀念，另一方面還有整體的「手工筆」售後服務配套措施，十分完善。

　　坊間「手工筆」的品質落差大：所謂羊毛出在羊身上，一分錢，一分貨。沒有學過相關知識的一般大

眾一時之間可能無法分辨為何二枝手工筆的價差如此大，但是細究作工、品質、木材的成分、套件……可以研究的學問多又深，所以如何與消費者之間做好這「價值認知」的溝通，也是門重要的工作。

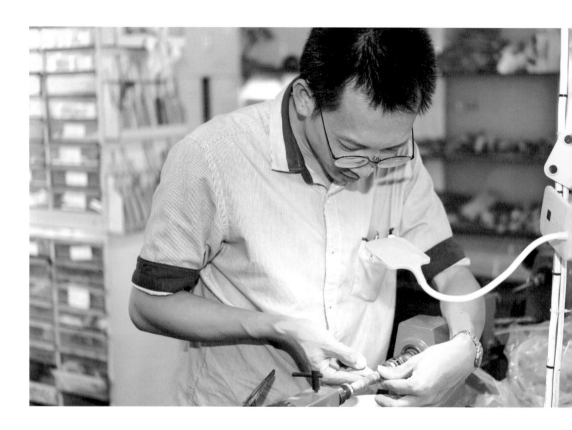

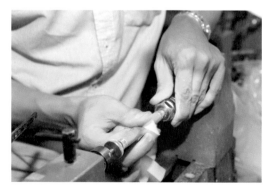

入門「手工筆」達人：阿倫老師

　　宜蘭的阿倫老師是一位安靜靦腆、專注工作的製筆達人，原本鍾情園藝植栽、水族箱水草養殖的他多年前因為朋友的緣故，偶然間注意到了手工木筆相關訊息因此引發了興趣而一頭栽進來至今。原本就對庭園造景、樹木年輪、木紋氣味就頗有興趣的阿倫老師，雖然在一開始製筆資訊較匱乏的期間辛苦鑽研，但漸漸透過自己再接再厲的精神與有幸結識了「本草鋼木」社團的製筆同好，因而大放異彩，而我們經常能在宜蘭「勝洋水草休閒農場」的「本草鋼木」工坊看見，阿倫老師細心指導初學者的身影，或是他埋首製筆的背影。

　　針對一開始要進入製作初階「手工筆」的朋友們，阿倫老師給了幾項建議：

　　年齡的建議：阿倫老師認為由於製筆的過程必須具備基本的理解力，雖說進入操作簡易小型車床時，基本上是安全的，但還是得做好防護並具有安全意識，能聽懂與遵守老師的指導，按部就班，因此他建議小學四年級以上較佳。

　　製筆前的溝通與討論：阿倫老師經常碰到常會堅持主見、既固執難溝通又不能理解如照此而行易遭失敗，或事與願違的這類的初學者，因此在製筆之前，和老師做好良善的溝通並獲取建議，對初學者而言是重要的。再者，做好事前的討論和計畫，接下來在製筆上也較能獲得一致性。

　　關於筆材：阿倫老師建議初學者在一開始挑選木頭筆材時，可先觀察其紋路、聞聞氣味，了解一下該木頭的特性、硬度，以及怎麼處理較適合？比如檜

木質地通常較軟，易被撞傷；樟木也是較鬆軟且易變形。另外若是木材具類似風化的樣貌，則製出的木筆較易出現特別的線條風格，並且基本功須紮實，將砂磨的程序一道道確實做好，並適時善用細鋼刷也可刷出木紋的特色風格。

學習時程：依照阿倫老師教授的經驗來說，通常初學者約莫經一個月的練習就能相當熟練，而且甚至最快一小時之內就能完成一枝自己親自動手做的手工木筆喔！

阿倫老師常說：「第一枝手工木筆的印象對初學者而言相當重要！」這不也就是俗話說：「好的開始是成功的一半嗎？」另外，作品完成後要如何保養也是必須要知道的知識。在這製筆的過程中經常會有意想不到的驚喜發生，學生與老師間其實存在的是教學相長，有時初學者反而會搭配出更吸睛的配色喔！

中階「手工筆」達人：黃世銘老師

　　說到穩定木「手工筆」就一定得提到台北的黃世銘老師，不過許多朋友應該無法想像如此需要大量想像空間的藝術創作者，他平日卻是個看遍人生無數葬禮的「送行者」吧！不過和人稱「咖啡」的黃老師聊天真的很輕鬆，只要一談到「穩定木」就好比打開話匣子般聊個不停，而且對人彬彬有禮、和藹可親。

　　黃老師之所以對於製作「穩定木手工筆」這麼著迷完全是出自於當初想釋放一下平時的工作壓力，才利用空閒之餘而投入其中。就黃老師而言，穩定木手工筆在台灣比較沒那麼大眾化，因此剛開始也是靠自己摸索並參考國外的教學影片，一點一滴慢慢練習，由小到大，從完全不懂車床是何物，進而一古腦兒投入車床的研磨世界裡，就這樣奮戰不懈了一年左右，

終於才有了真正成功的作品。

　　常被用來製成「穩定木」的有楓木、樺木、黑梣木、七葉樹……等，因為不同樹種的紋路不同，因此要針對個別特色特別挑選，比如挑選具有樹瘤、釘子瘤，為什麼呢？因為選擇樹瘤越多的木材做起來的作品會比較漂亮，而且像楓樹可以採漸層變化，而像黑梣木的紋路、年輪多具特色，與其他木材相比差異較大因此而受喜愛。

　　有些人會覺得「穩定木」的塑膠感重，有人愛這種質感有的人不愛。但藝術總是見人見智，因為木頭的再製所形成的對比往往令人驚豔，這或許就是它吸

引人的獨到之處。黃老師自己也坦承，他在「穩定木」手工筆創作路上曾遭受過相當多的挫折，光研究「白化」的問題就耗費了許多時間，而研究到底該不該「上膠」光是這道工序就讓他曾一度灰心得想放棄，更別說為求完美，整天製筆足不出戶，卻只做出了二枝筆。就這麼來來回回，思索著各種材料的轉換，或是改變一下作法。

而在這奮鬥過程中還交到了許多志同道合的朋友，特別是「本草鋼木」社團裡的各個達人們，大夥互相交換意見，分享製作的心得，就這樣黃老師終於能讓找到讓自己做出的「穩定木手工筆」不易龜裂、表面更漂亮，而且有一套保護木頭的方式了。

在此黃老師在製作穩定木手工筆有幾個小叮嚀：

重視上膠技術：在製作「穩定木手工筆」的過程中，上膠技術扮演著十分關鍵的重要角色，其中要掌握上膠要薄不能厚，打磨時也不能快，要特別掌控變乾的速度，當然這些要訣皆也要經驗的累積，所以初學者不用心急，按部就班即可。

掌握基本功：在這裡指的是車床時車刀必須拿穩，好好的琢磨「控制力」的掌握，並發揮自己的想像力進而越做越進步。

探索靈感：可以多參考別人的作品，找出自己喜歡的風格進而鑽研出屬於自己的個性化作品。

黃老師說希望透過他這樣的推廣能讓更多朋友喜愛「穩定木」，也更認識「穩定木」，當然也期盼能將「穩定木」的價格比目前更親民更能讓大家接受。

中階「手工筆」達人：葉聰展老師

台南的聰展老師平常就是個專業工程師，專精各種工業設計，偶然的機會被高價的木製手工筆所吸引，特別是每一塊木頭都別具其特有的紋路或味道，讓他不知不覺的著迷。剛開始只是單純的研究，並未真正動手嘗試，就這麼仔仔細細的鑽研了二年多的時間，總算下定決心購入相關設備開始他的「手工筆」的人生。

當然這個過程並非如想像那麼順遂，光是掌握當中各種細微的工序就耗盡了許多心思，其中像是解決「偏心」的問題，以及了解其他相關製筆工法、設備

與更進一步的製筆工序，都可說是初學者進階之後想要更上層樓所必經的練功之路。

不過聰展老師在此要勉勵各位有興趣加入的同好們，在這個「手工筆」製作的大家庭中，尤其是「本草鋼木」，每位同好就像是製筆界的家人經常能互相討論、彼此研究、切磋鼓勵、分享祕訣，每個人只有一個目標就是讓「手工筆」能發揚光大，所以也經常有全省或分區的聚會，另外不僅如此身為爸爸的聰展老師也會時不時的將製筆的有趣過程與孩子們分享，小朋友就在耳濡目染中也感受到這股人文素養，就連自己的文具有時也是爸爸親手做給他們的喔！

進階「手工筆」達人：程振國老師

　　程振國老師的名言：「就是將不完整的木頭變完整而成為一大樂趣」。以手作筆玩家自詡的振國老師，就一般人的眼光看來他平常只不過是一位專業的工程師，很難聯想他能有如此無限的創意與想像空間能投入到他所鍾愛的手作筆這門創作藝術上。還沒深入了解振國老師的作品之前，樂爸也和許多的「普羅大眾」類似，看不出來也不了解他最拿手的「樹脂及混合木手工筆」究竟有何吸引人的地方？但是只要我們願意多花一些時間，多了解這根木頭與這位創作者背後的想法，相信和我一樣，馬上就能發自內心的肅

然起敬。

　　振國老師起初的發想來自於一些在他人眼中不完美的木材，以及他也常常觀察到雖然這些不起眼的木材具備了一些裂痕，但並非完全不能被利用，於是他開始著手將平日他專精的環氧樹脂與這些看似其貌不揚的木頭加以結合。

　　從顏色的調配、軟硬的變化、客戶的需求導向或其紀念價值，乃至於自己的不斷創新開發，振國老師可說秉持著屢敗屢戰的精神，不屈不撓，終於一步步的開花結果，比如：將客戶書法得獎的作品概念融入手作筆中、將「母親節」贈禮意象融入、將「蝶古巴特」的藝術融合……等等創意巧思，另外有時也不需

額外再幫客戶設計反而由對方提供想法，比如融合各種材料，像是金屬、貝殼……等，讓這手作筆更有特色。

不只如此，在一開始的木材原料上，也就是樂爸一開始所提令人最敬佩的所在，因為這混合木的融合創作是從無到有的想像過程，就像老師曾笑說不曉得是「驚嚇或驚喜」冒險，您能想像就連咖啡豆也能融

 「手工筆」小教室

穩定木與樹脂混合木的差別：簡單的來說，穩定木多以染色為主，而樹脂就像是個異想世界從無到有並且結合混合木之後，就是將木頭上的裂痕坑洞補起來。

合進樹脂裡頭，而且混合木完成之後還會淡淡的咖啡香嗎？您能想像平常能看到的絲瓜絡也能被利用成為混合木嗎？我只能說：「振國老師，這真是見證奇蹟的時刻啊！」

進階「手工筆」達人：黃祈翔老師

「追尋樸質的回歸，原木的筆身，是大自然孕育的恩惠，讓書寫者更貼近心靈的純樸。」這乃是出自苗栗三義的一位木雕藝術家，同時也是一位製筆師，黃祈翔老師的金句，其實也是他對自創品牌「樸聿PUYU」的期許。

唯妙唯肖彷彿正在燃燒的「雪茄筆」，正是黃祈翔老師精心雕琢出來的特色原木筆，若是將真正的「雪茄」點燃，兩枝同時併列，頓時就讓人難以辨認，簡直幾可亂真。然而可別以為身為傳統木雕師的他，對於原木製筆就一帆風順，回想當時也克服了重

重難關才有現在的成果。

　　身為第二代木雕工藝師的黃老師，這些年不斷的思考要如何讓傳統的木雕文化走出一條文創之路，他看遍了許多木雕工廠潮起潮落，也不想讓自己的作品只是觀光客眼中一時興起而買下的雞肋，因而聯想到人人皆能用到的「筆」。創始期的最大難題，便是「筆」的套件取得及資訊，所幸在因緣際會下認識了一群製筆同好，遂逐步克服了這些惱人問題。

　　不過，精益求精的黃老師並不因此而滿足，因為在他的身後有位貼心又文采斐然的賢內助美娟姊，自動自發的來擔任試寫師的角色，每當手作筆完成的那刻起，她立刻就能由試寫之中找出這筆的優缺點。不僅如此，美娟姊有時還能提供各種製筆的靈感給黃老師，讓那枝筆多一份清新。

　　這麼一對最佳拍檔也因而最終找到了最適合且書寫感較流暢的德國筆尖套件，讓黃老師的手作筆更上層樓，漸漸聲名遠播而成為各大媒體採訪的對象。

　　從鶼鰈情深的笑談中，彷彿將這一路的創業甘苦

　　都化成了前進的動力與甜蜜的種子，細數桌上的每枝手作木質筆，無論是黃老師或是美娟姊，都能夠娓娓道來，比如北美檜木、台灣檜木與越南檜木所製成的「雪茄筆」，光在味道上就有所區別。比如一般木雕師廢棄不用已遭真菌感染的黃楊木，黃老師還能在一大堆廢木中撿寶，挑出二、三枝具特殊木紋的木料製成極富特色的漬紋木筆，另外還有強調細部雕工，刻畫生動竹葉的竹節筆……等等。

　　曾獲大墩美展殊榮的黃老師，有別於一般傳統的

木雕工藝師，不斷的創新突破而結合了現代藝術的美
學概念，他既保留了傳統更持續創新思惟，比如：水
花系列作品、金魚系列作品……等，未來更計畫將這
些融入他精心創作的原木手作筆，令人期待。

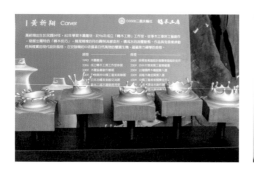

進階「手工筆」達人：黃崇軒老師

　　若要說到「本草鋼木」社團中「職人精人」的代表，那就非花蓮後山製造所的黃崇軒老師莫屬了。怎麼說呢？

　　當樂爸一走進老師的製造所時，裡頭的各項木工原料、設備陳設井然有序、有條不紊，千萬別誤以為這裡都沒在使用，其實老師是專業達人，經常為了製筆在此通宵達旦，所以能保有這好習慣，更遑論「後山製造所黃崇軒老師」所自製的「手工筆」是品質保證呢！

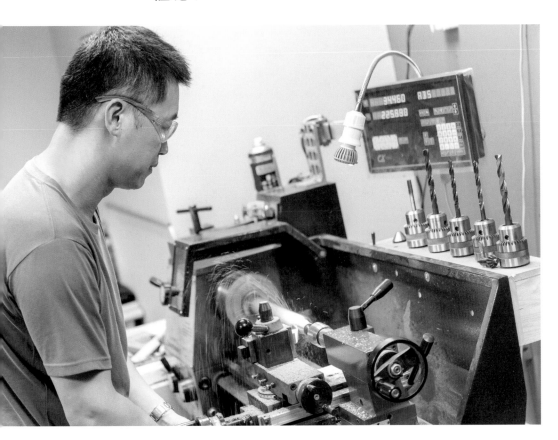

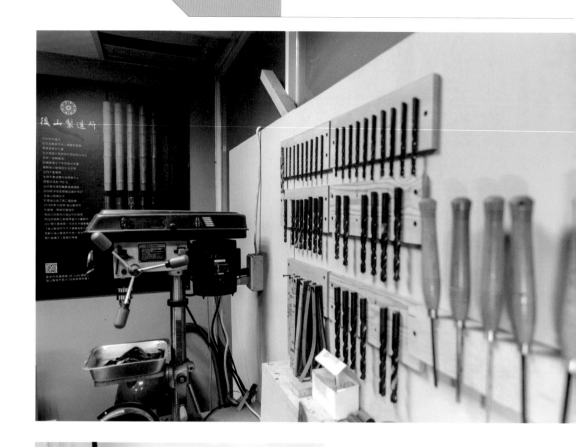

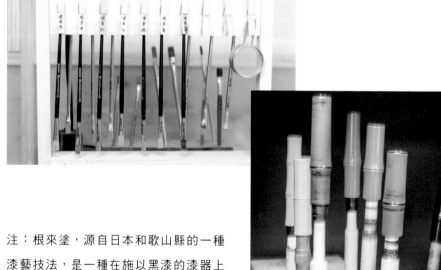

注：根來塗，源自日本和歌山縣的一種
漆藝技法，是一種在施以黑漆的漆器上
再覆以朱漆，之後抹去部分朱漆而使黑
色底漆透出的工法。

　　黃老師說剛開始投入製筆的行列只能以有限的知識，不斷的嘗試錯誤，直到某天見識到「尚羽堂」的系列手工筆　才讓他大開眼界，有了為符合使用者需求來改造鋼筆，客製手工筆。

　　黃老師為客戶所改造的筆款相當多樣，比如利用剛果雞絲木其木紋特殊變化、並掌握顏色深淺以及其味道所製成的五節竹改造手工鋼筆。另外像是微凹黃檀結合硬橡膠也是很漂亮的組合，至於具工藝性的漆筆可以利用硬橡膠為胎體，再以木作為生漆打底，利用毛細孔原理並仔細掌握固定的溫度與濕度而來完成生漆的改造鋼筆，其他還有像是根來塗（注）的特殊作法，有機會也可以參考看看。

　　在此黃老師特別叮嚀想入門的各位新手同好：

　　可以先由最平價的塑膠鋼筆、套件筆入手：不過千萬不要急功近利或貪小便宜，有時候買到過於便宜品質低劣的套件，反而會阻礙自己學習製筆之路。

　　基本功要做好：正如同蓋房子的地基要打穩，練功時馬步也要站好的原理是相同的道理。

進階「手工筆」達人：徐輝雄老師

　　一提到「輝雄」老師樂爸每每不免都會聯想到「灰熊」（台語諧音「非常」）厲害的製筆達人！原本就專精於機械加工的他，一直和志雄老師在宜蘭的「勝洋水草休閒農場」共同打拚奮鬥，因緣際會中正好應用他的專業技能來幫忙解決開發製筆套件的相關問題，另外輝雄老師也常思考比如買了一萬多元這類

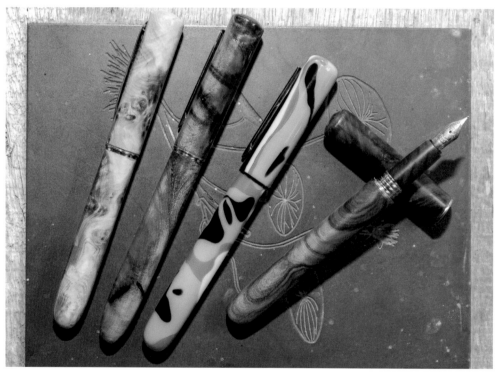

高價的手工筆還能有瑕疵嗎？或是這類高單價的筆比較不能接受上膠的技法嗎？

自我要求甚高的輝雄老師就在這些惱人問題當中找出應對方案與製筆的樂趣，因此就這麼投入了「本草鋼木」這個製筆社團當中。

在這裡輝雄老師也有一些心得來和大家分享：

錦鯉小故事：輝雄老師接觸過的行業真的滿多樣，他還藉由養冠軍錦鯉的過程來體會一個人無法獨自解決太多問題，還是需要分工合作，而且養殖需要耐性而製筆也是。

運用本質學能：輝雄老師會適時的考慮材料力學的觀念運用到修改套件銅管當中，另外還會運用一些過往的經驗先將拿到的木材車成圓棒，再放置一段時間之後，如此可使其變形的機率降低一些喔！

保持耐心：不要害怕失敗，萬一有誤就想辦法按部就班的救回來，保持耐心，千萬不能急躁，就算一切都很順利也不能馬虎，切記製筆耐心的重要性！

《附錄》 手工筆工作坊

宜蘭
本草鋼木/徐志雄/0932163466/
宜蘭縣員山鄉八甲路15-6號

台北
鄭藝製作所【笑男筆癲】/鄭明台/0987332299/
https://www.facebook.com/tigerwood0406/
台北市中山區松江路259巷36號

新北市
亂舞藝場工坊/劉慶河老師/02-86666569/
https://www.facebook.com/272591009504459
新北市新店區車子路167號

花蓮
後山製造所/黃崇軒/0938877955
https://www.facebook.com/maker20160808/
本所：花蓮市中華路277號
分所：花蓮市中和街214巷36號

花蓮
天財師傅/陳天財/0919356181/
花蓮市中和街15號

苗栗
樸聿原木手工筆PuYu Pens-轉木工房台灣三義木雕工藝文創/黃
祈翔/0937728769/
https://www.facebook.com/carver31/
苗栗縣三義鄉雙潭村91之3號

台南
程sir乘以二/樹酯の藝饗世界 程振國/電話0912792727
https://www.facebook.com/chengsirX2/
台南市中西區民生路2段 康橋旅社對面小王子彩繪牆

台南
展藝飛翔/葉聰展/0953135136/

本草鋼木

位於台灣宜蘭縣，囿於三面背山、一面向海特殊地形，孕育獨特文化與人情味，呈現以三生共構的世外桃源。最早期專營水草休閒農業，因緣際會進入到手作鋼筆，建立了「本草鋼木」這個品牌。

本草鋼木的理念是結合手作筆達人、全台聯盟的方式經營。目前不單單手作工藝的推廣，更擁有自主的研發團隊進行筆件五金的開發、以及周邊產品的研發。未來計畫會將手作製筆的及周邊產品上進行搭配全台的工作室進行經營服務，讓對於手作筆有興趣的人，可以更輕鬆的接觸、體驗。服務項目含括：

製筆教學、金工木工車床買賣、製筆工具、筆零件、文創商品開發。此外不久前「本草鋼木」更是得到經濟部的支持、在宜蘭舉辦了全台手作筆「筆較厲害」創意筆比賽、未來希望這項文創產業能在世界上擁有一席之地。

本草鋼木-
手工鋼筆，製筆交流

全台服務處

本草鋼木/徐志雄/0932163466/
宜蘭縣員山鄉八甲路15-6號

松蘿野店/葉佐蔚/0915960600
花蓮縣鳳林鎮平漢路30號

展藝飛翔/ 0953135136/
台南市南區明興路943巷16號

鄭藝製作所/0987332299/
台北市中山區松江路259巷36號

手作木筆全書

作　　者／徐志雄、樂爸
美術編輯／方麗卿
企畫選書人／賈俊國

總　編　輯／賈俊國
副總編輯／蘇士尹
編　　輯／高懿萩
行銷企畫／張莉榮・廖可筠・蕭羽猜

發　行　人／何飛鵬
法律顧問／元禾法律事務所王子文律師
出　　版／布克文化出版事業部
　　　　　台北市中山區民生東路二段141號8樓
　　　　　電話：(02)2500-7008　傳真：(02)2502-7676
　　　　　Email：sbooker.service@cite.com.tw
發　　行／英屬蓋曼群島商家庭傳媒股份有限公司城邦分公司
　　　　　台北市中山區民生東路二段141號2樓
　　　　　書虫客服服務專線：(02)2500-7718；2500-7719
　　　　　24小時傳真專線：(02)2500-1990；2500-1991
　　　　　劃撥帳號：19863813；戶名：書虫股份有限公司
　　　　　讀者服務信箱：service@readingclub.com.tw
香港發行所／城邦（香港）出版集團有限公司
　　　　　香港灣仔駱克道193號東超商業中心1樓
　　　　　電話：+852-2508-6231　傳真：+852-2578-9337
　　　　　Email：hkcite@biznetvigator.com
馬新發行所／城邦（馬新）出版集團 Cité (M) Sdn. Bhd.
　　　　　41, Jalan Radin Anum, Bandar Baru Sri Petaling,
　　　　　57000 Kuala Lumpur, Malaysia
　　　　　電話：+603- 9057-8822　　傳真：+603- 9057-6622
　　　　　Email：cite@cite.com.my
印　　刷／韋懋實業有限公司
初　　版／2019年04月
售　　價／450元
ISBN／978-957-9699-85-3

城邦讀書花園
www.cite.com.tw
布克文化